||| 安洋 编著 |||

# 新娘经典日式发型100例

人民邮电出版社

北京

**图书在版编目（CIP）数据**

新娘经典日式发型100例 / 安洋编著. -- 北京：人
民邮电出版社，2014.1
ISBN 978-7-115-33571-5

Ⅰ. ①新… Ⅱ. ①安… Ⅲ. ①女性－发型－设计
Ⅳ. ①TS974.21

中国版本图书馆CIP数据核字(2013)第262890号

## 内 容 提 要

日式新娘发型清新、甜美，适合年龄较小的新娘。本书包含100个日式新娘发型设计案例，分为盘包发型、垂发发型、层次发型、编辫发型和简约发型 5 个部分，都是影楼摄影、婚礼当天会用到的经典发型。本书中的每款发型都分别展示了正面效果和背面效果，通过图例与步骤说明相对应的形式讲解，分析详尽、风格多样、手法全面，并对每个案例做出了造型提示，使读者能够更加完善地掌握造型方法。

本书适用于在影楼从业的化妆造型师，同时也可供相关培训机构的学员参考使用。

◆ 编　　著　安　洋
　　责任编辑　赵　迟
　　责任印制　方　航
◆ 人民邮电出版社出版发行　　北京市丰台区成寿寺路 11 号
　　邮编　100164　　电子邮件　315@ptpress.com.cn
　　网址　http://www.ptpress.com.cn
　　北京市雅迪彩色印刷有限公司印刷
◆ 开本：889×1194　1/16
　　印张：14.5
　　字数：513 千字　　　　　　　　2014 年 1 月第 1 版
　　印数：1- 3 000 册　　　　　　　2014 年 1 月北京第 1 次印刷

定价：98.00 元
读者服务热线：(010)81055410　印装质量热线：(010)81055316
反盗版热线：(010)81055315
广告经营许可证：京崇工商广字第 0021 号

在影楼婚纱拍摄和新娘当日的化妆造型中，一般会涉及韩式新娘妆容造型、欧式新娘妆容造型、中式新娘妆容造型及日式新娘妆容造型。韩式新娘典雅温婉、恬静唯美；欧式新娘高贵时尚、端庄大方。中式新娘古典柔美，充满韵味；而日式新娘则清新自然，更能体现年轻感、可爱感。这种感觉与妆容的特点、造型的感觉及饰品的佩戴是息息相关的。

日式新娘在妆容的搭配上色彩比较多样，可爱的粉色、清新的绿色、优雅的蓝色、靓丽的橘色及百搭的浅金棕色都可以运用在日式新娘的妆容中，只是在色彩的处理上相对柔和自然。日系妆容中也基本不会出现过黑、过挑的眉毛，眼妆在眼线、睫毛上的描画比对眼影色彩的晕染更加重要，整体妆容呈现的是细节感与年轻态。

日式新娘的造型大多具有层次感，因为这样的造型会显得动感、年轻、甜美。不管是编辫还是盘包发，日式新娘的造型都会在层次感的处理上有别于其他几种新娘造型。日式新娘的饰品种类多样，讲究的是精致和柔美，一般不会选择质感或设计感过于生硬的饰品，也不会选择显得过于沉重的饰品。例如，大号的、棱角过于突出的水钻皇冠，不管是出于质感还是设计感的考虑都不太可能成为日式新娘造型的饰品。日式新娘的造型一般会以质感柔和的饰品进行搭配，如小巧精致的皇冠（最好有珍珠镶嵌）、纱质感的饰品、蕾丝质感的饰品、羽毛质感的饰品、珍珠质感的饰品、各种花材饰品等，可以选择单一材质的饰品，也可以选择几种材质搭配的饰品，只要搭配得当都能呈现很好的效果。

本书将日式新娘造型分为盘包发型、垂发发型、层次发型、编辫发型、简约发型5个大类。分类是一个大的方向，每一款造型都会将几种手法相互融合。希望本书能起到抛砖引玉的作用，给大家带来灵感。

感谢以下朋友对本书编写工作的大力支持，浓浓的情谊无以言表，因为有了大家的帮助，我才能走得更长、更远。如有遗漏，敬请谅解。

安洋化妆造型培训机构行政总监：慕羽。

出镜模特：查佳利、朱霏霏、庄晨、赵雨阳、佳佳、馨茹、萝莉、夏雪、李茹、竺笑、胡亚宁。

化妆造型师：青见、叶子、安妮。

特别鸣谢：苏州B-ANGEL模特经纪公司。

对我的学生们对我工作的积极配合深表感谢。最后感谢人民邮电出版社孟飞老师和赵迟老师对本人工作的大力支持。他们使本书能更快、更好地呈现在读者面前。

安洋

# 目 录
## CONTENT

025

027

029

031

033

035

037

039

041

043

045

047

049

051

053

055

057

059

061

063

065

067

录
CONTENT

[068-111]

071

073

075

077

079

081

083

085

087

089

091

093

095

097

099

101

103

105

107

109

111

# 目 录
## CONTENT

165

[日式编辫发型]
[166-189]

169

171

173

175

177

179

181

183

185

187

189

# 目 录
CONTENT

STEP 01　将刘海区的头发向后固定。

STEP 02　从后向前分片带出头发，修饰额头位置。

STEP 03　将一侧发区头发向上扭转，进行固定。

STEP 04　将另外一侧发区头发向上扭转，进行固定。

STEP 05　将两侧剩余的发尾向上扭转，进行盘转并固定。

STEP 06　将后发区的头发向上扭转，进行固定。

STEP 07　将所有头发固定好之后，用手拉出发丝的层次感。

STEP 08　佩戴造型网纱，在一侧修饰造型。

STEP 09　佩戴造型花进行点缀，造型完成。

## 造型提示

这款发型采用的手法为借发、抓纱和撕发。刘海区的头发不够时，可以用借发的方式达到想要的造型效果，只是在借发的时候要使拉伸头发的角度符合刘海的走向。

STEP 01　将刘海区的头发用发卡和干胶进行临时固定。

STEP 02　取一片头发并打毛，使其衔接在一起，注意调整头发的方位。

STEP 03　将打毛好的头发表面梳理光滑，向上翻转。

STEP 04　将另外一侧的头发向上翻转，进行固定。

STEP 05　将后发区的头发向上翻转，进行固定，注意与两侧头发的衔接，要求弧度流畅。

STEP 06　佩戴发箍饰品，造型完成。

## 造型提示

这款发型采用的手法为上翻式打卷、打毛和临时固定。注意翻卷表面的光滑度及三个翻卷之间的衔接，应使整体弧度饱满自然，同时要利用隐形发卡进行固定。

STEP 01    将刘海区的碎发向后固定。

STEP 02    将部分头发扎马尾。

STEP 03    继续扎马尾。

STEP 04    将扎好的头发分片，进行固定。

STEP 05    将后发区剩余头发向上梳理，进行固定。

STEP 06    调整固定的牢固度。

STEP 07    用头发修饰造型缺陷，同时要注意调整层次。

STEP 08    调整刘海区发丝的层次感，保留发丝间的空隙。

STEP 09    佩戴造型花，进行点缀。

STEP 10    适当用发丝修饰造型花。

STEP 11    继续在发丝之上点缀造型花，使整体空间感丰富起来。造型完成。

## 造型提示

这款发型采用的手法为扎马尾、扭转固定和挑层次。注意造型花的点缀位置，应起到营造空间感、层次感的作用。刘海区的层次感非常关键，缝隙间隔的距离要宽窄适宜。

STEP 01　用鸭嘴夹做辅助工具，将刘海区的头发推拉出波纹的效果。

STEP 02　将侧发区的头发向后扣转并固定。

STEP 03　将后发区的部分头发编成马尾辫。

STEP 04　将马尾辫向上卷并固定，注意固定的牢固度。

STEP 05　将剩余头发打毛并梳光，做出发包的形状并固定。

STEP 06　将刘海区剩余的发尾与后发区的造型结构相互衔接。

STEP 07　佩戴造型花，对造型进行修饰。

STEP 08　继续佩戴造型花，造型完成。

## 造型提示

这款发型采用的手法为手推波
纹、包发和三股编发。造型的重
点在于手推波纹的运用，在打造手
推波纹的时候，注意推拉的弧度
要区别于古装造型的波纹，使
其更加符合白纱造型的
感觉。

STEP 01　在一侧发区扎马尾。

STEP 02　将马尾由后向前打卷，注意要固定牢固，发卡要隐蔽。

STEP 03　将刘海区头发梳理出弧度，进行细致的固定。

STEP 04　将另外一侧发区的头发扭转并固定。

STEP 05　由后向前带头发，打造刘海效果，注意弧度的调整和固定的牢固度。

STEP 06　佩戴饰品，进行点缀。

STEP 07　在后发区扎一条马尾。

STEP 08　将马尾以连环卷的形式向顶发区进行固定。

STEP 09　将后发区剩余头发扭包并固定，注意要与其他位置的头发衔接自然。

STEP 10　适当用发丝对饰品进行修饰。造型完成。

## 造型提示

这款发型采用的手法为借发、扭包和连环卷。刘海的借发要与刘海本身的头发结构很好地衔接在一起，同时要注意弧度。

STEP 01　在顶发区固定开口假发片。

STEP 02　将假发片分出一部分，从后向前做出刘海的样式。

STEP 03　将另外一片假发片向前扣转，与已经固定好的假发片进行衔接。

STEP 04　将一侧发区的头发向后扣转并固定。

STEP 05　将另外一侧发区的头发向后扣转并固定。

STEP 06　将剩余头发进行打毛处理。

STEP 07　由后向前把打毛的头发固定在造型的侧面。

STEP 08　另外一侧用同样的方式进行处理。

STEP 09　调整头发的层次，修饰造型轮廓。

STEP 10　佩戴发带，进行点缀。

STEP 11　调整好发带的样式，打出蝴蝶结，造型完成。

## 造型提示

这款发型采用的手法为假发片造型、打毛和扣转固定。假发片在造型中运用得非常多，重点是巧妙地将假发片与真发结合。在这款造型中，先用假发片造型，然后用真发掩盖其缺陷，使真假发的结合更加自然。

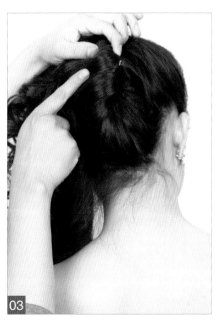

STEP 01　调整刘海区的头发，向后翻转造型并固定。

STEP 02　用尖尾梳调整刘海区的高度。

STEP 03　将后发区的头发向前扭包并固定牢固。

STEP 04　将侧发区的头发继续向后扭转造型并固定。

STEP 05　将剩余头发向上固定并调整层次。

STEP 06　佩戴饰品，进行点缀，注意调整饰品的弧度。

## 造型提示

这款发型采用的手法为扭转固定、翻转固定和打毛。后发区收起的头发要顺应刘海的层次和弧度，要适当收紧，不要做出大轮廓。

STEP 01　整理刘海区的造型，注意弧度和蓬松效果。

STEP 02　在一侧发区拉伸造型弧度，要将其与刘海区的头发衔接在一起。

STEP 03　将另外一侧发区和刘海区的头发向上扭转并固定。

STEP 04　用发丝修饰造型的结构感。

STEP 05　用剩余发丝修饰造型的后发区。

STEP 06　将蝴蝶结饰品修饰在刘海区与侧发区造型结构的衔接点。

STEP 07　继续用蝴蝶结饰品修饰造型，造型完成。

## 造型提示

这款发型采用的手法为扭转固定和拉伸造型。造型不能有堆砌感，头发要蓬松而不凌乱，打毛连接度和固定的牢固度非常重要。

STEP 01　将左侧发区的头发向后梳平并固定。

STEP 02　将顶发区的头发进行打毛处理。

STEP 03　将打毛好的头发向下扣转造型。

STEP 04　整理造型侧面的扣转效果。

STEP 05　将另外一侧的头发向后固定，向下扣转头发并造型。

STEP 06　将刘海区保留的头发进行打毛处理。

STEP 07　将打毛好的头发整理出合适的轮廓，向上翻转并固定。

STEP 08　整理后发区造型的层次。

STEP 09　在一侧佩戴造型花，进行点缀。

STEP 10　在另外一侧佩戴造型花，进行点缀，造型完成。

## 造型提示

这款发型采用的手法为扣转固定、翻转固定和打毛。两侧造型的弧度要饱满，并且为佩戴造型花保留一定的空间。

STEP 01    将刘海区的头发在一侧位置向下打卷，并将剩余发尾向后翻转，继续造型。

STEP 02    在其上方继续打一个卷，使刘海的层次更加立体。

STEP 03    调整头发的松紧度，使其弧度更加饱满。

STEP 04    将另外一侧的头发扭转固定，在之前的卷筒的上方继续打一个卷，增加造型的
                 立体空间感。

STEP 05    向上提拉后发区的头发。

STEP 06    将后发区的头发扎马尾。

STEP 07    将扎好的马尾打毛并梳光表面，向后翻卷出造型结构。

STEP 08    佩戴造型花，点缀在造型的空隙位置。

STEP 09    佩戴造型花，点缀在头顶造型结构的衔接点。

STEP 10    佩戴造型花，点缀在额头位置，造型完成。

## 造型提示

这款发型采用的手法为扎马尾、翻卷造型和扭转固定。注意打卷的层次感及固定的牢固度，卷筒的方位、角度要有所变化，不要以单一的角度做卷筒，那样造型会显得单调。

STEP 01    用尖尾梳将刘海挑起一定的高度。

STEP 02    将刘海区的头发边打毛边向后移动，改变刘海区头发的发尾走向。

STEP 03    将侧发区的头发结合一部分后发区的头发，在后发区的位置向上翻卷造型。

STEP 04    将翻卷固定牢固。

STEP 05    将后发区的部分头发向上提拉，扣卷造型。

STEP 06    将剩余头发结合刘海区的发尾，有层次地向上扣转造型。

STEP 07    佩戴饰品，进行点缀，造型完成。

## 造型提示

这款发型采用的手法为移动式打毛和扣卷造型。要注意刘海区头发的层次感，可以在移动打毛的时候适当旋转一下头发，这样造型的层次感会更好。

STEP 01　将刘海区和部分侧发区的头发发尾扭转，使其自然向上隆起并固定。

STEP 02　将剩余一侧发区的头发边旋转边打毛。

STEP 03　将打毛好的头发固定在之前固定好的造型的一侧。

STEP 04　继续在后发区位置取头发，向上提拉并进行旋转式打毛。

STEP 05　将打毛好的头发向上进行固定。

STEP 06　继续在后发区位置取头发，进行旋转式打毛。

STEP 07　将打毛好的头发向前扭转并固定。

STEP 08　在后发区取一部分头发，向上扭转并固定。另外一片头发用同样的方式进行处理。

STEP 09　调整固定好的头发的松紧度和牢固度。

STEP 10　将头发打毛，调整层次。

STEP 11　将调整好的层次进行隐藏式固定。

STEP 12　将造型网纱调整成发带状并固定。

STEP 13　调整网纱的松紧度。

STEP 14　佩戴造型花进行点缀，造型完成。

## 造型提示

这款发型采用的手法为扭转固定、旋转式打毛和隐藏式固定。造型中所用的手法并不多，但在进行旋转式打毛的时候，不要将头发打毛得太乱，其目的是改变头发走向。

STEP 01　将刘海区的头发向后固定。

STEP 02　将一侧发区的头发向上扭转，进行固定。

STEP 03　将另外一侧发区和后发区的头发向上扭转，进行固定。

STEP 04　尽量让发尾向刘海区的位置延展。

STEP 05　调整留出的发尾的层次，修饰额头位置。

STEP 06　佩戴饰品，进行点缀，适当修饰额头，造型完成。

## 造型提示

这款发型采用的手法为扭转固定和移位固定。要用卷曲的发丝对额头进行修饰，因为这款造型的结构比较单一，如果额头得不到很好的修饰，会给人不协调的感觉。

STEP 01　将刘海区的头发处理得伏贴自然。

STEP 02　用发卡将头发固定好，将刘海向上翻卷造型。

STEP 03　固定好翻卷之后，继续做一个翻卷并固定。

STEP 04　继续对这片头发进行造型，将其提拉扭转。

STEP 05　在向上盘转固定的时候，带入一部分侧发区的头发。

STEP 06　将剩余发尾进行盘卷，留出适量的发尾，调整发尾层次并进行造型。

STEP 07　将剩余头发收拢在造型的一侧，向上提拉扭转。

STEP 08　将提拉扭转的头发用尖尾梳调整层次并固定。

STEP 09　调整发型的层次感。

STEP 10　在造型左侧佩戴造型花，进行点缀。

STEP 11　在造型右侧佩戴造型花，造型完成。

## 造型提示

这款发型采用的手法为提拉
扭转和翻卷造型。提拉扭转后发
区的头发时，不要提拉得过紧，
而要保留一定的松散度，目的是
使后发区的头发能兼顾到左
右两边的轮廓。

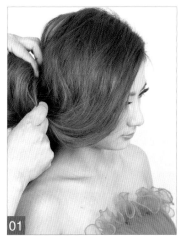  

STEP 01　将刘海区和一侧发区的头发向上翻转固定。

STEP 02　在翻转的时候，注意弧度和角度的处理，并且要将头发固定牢固。

STEP 03　从后侧发区取一片头发，进行打卷造型。

STEP 04　继续取头发，进行打卷造型，卷与卷之间的结合要有层次感和立体感。

STEP 05　在后发区取一片头发，向上扭转固定，并使其与之前的造型相互结合。

STEP 06　将剩余的头发编辫子。

STEP 07　将辫子保留一定长度的发尾，向上提拉固定。

STEP 08　在上翻的刘海之上佩戴造型花。

STEP 09　在后发区佩戴造型花，与之前的造型花形成呼应，造型完成。

## 造型提示

这款发型采用的手法为翻
转固定、三股编辫和打卷。
重点在于控制翻卷的角度及
发丝的层次，要形成向
上的弧度。

  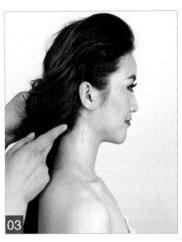

 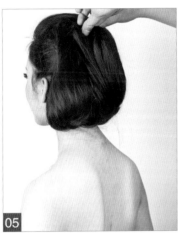

STEP 01　将前发区的头发隆起，并将表面梳理光滑，将一侧后发区的部分头发向下进行扣转并固定。

STEP 02　将另外一侧发区的头发进行隐藏式固定。

STEP 03　向后翻转头发，进行固定，注意保留头发的层次。

STEP 04　在后发区较低的位置下发卡固定。

STEP 05　向上翻转头发，将其拉伸至顶发区的位置并固定。

STEP 06　将饰品点缀在侧发区的位置。

STEP 07　在另外一侧继续用饰品点缀，造型完成。

## 造型提示

这款发型采用的手法为翻卷固定、扭转固定和提拉固定。造型的重点在于刘海区的隆起要光滑干净，并且与两侧发区形成流畅、优美的弧度。

STEP 01　将刘海区的头发扭转固定，缩短头发长度，并调整发丝。

STEP 02　将一侧发区的头发向上提拉，扭转固定。

STEP 03　将另外一侧发区的头发向上提拉，扭转固定。

STEP 04　将后发区的头发进行单侧扭包，向上扭转固定。

STEP 05　将另外一侧的头发向上扭转固定。

STEP 06　将固定好的头发进行层次式打毛。

STEP 07　将剩余的发丝用中号卷棒进行二次烫卷，并调整其光滑度和层次。

STEP 08　佩戴饰品，进行点缀，造型完成。

## 造型提示

这款发型采用的手法为扭转
固定、扭包和打毛。造型重点在
于对刘海的层次处理，额头位置
要隆起，增加气质感；造型侧
面的卷发要自然下垂，
增加妩媚感。

STEP 01　将刘海区的头发打毛，边打毛边用发丝修饰额头。

STEP 02　将打毛好的发丝调整层次，进行固定，并喷干胶定型。

STEP 03　用顶发区和侧发区的头发做拱包。

STEP 04　在后发区位置为拱包收尾，并固定牢固。

STEP 05　将剩余头发扎马尾。

STEP 06　将扎好的马尾打毛并梳光表面，向上拉伸。

STEP 07　由后向前将马尾与拱包进行衔接。

STEP 08　固定网眼造型纱。

STEP 09　进行抓纱处理，调整造型纱的层次。

STEP 10　在造型纱之上佩戴小帽子饰品，进行点缀，造型完成。

## 造型提示

这款发型采用的手法为拱包、扎马尾和层次式打毛。造型重点在于刘海区头发的层次处理，刘海在造型中起到很大的作用，往往决定了整体风格，这款刘海打造的重点是不停变换打毛的角度，形成旋涡状的层次感。

STEP 01　将刘海区及侧发区的头发打毛，将侧发区的头发适当进行旋转式打毛，使头发产生聚拢感。

STEP 02　将打毛的头发整理出层次，进行固定，适当调整固定的高度。

STEP 03　将后发区位置的头发打毛。

STEP 04　将打毛好的头发分层在后发区进行固定。

STEP 05　将后发区剩余头发向内扣转并固定，在固定的时候要注意造型的侧面弧度。

STEP 06　调整刘海区头发的高度和层次感。

STEP 07　佩戴蝴蝶结饰品，进行点缀。

STEP 08　继续佩戴蝴蝶结饰品，进行点缀，造型完成。

## 造型提示

这款发型采用的手法为旋转式打毛和扣转固定。重点在于刘海区和侧发区头发隆起的高度，要在顶发区保留头发的层次感。

STEP 01　将刘海区和两侧发区的头发进行翻转式打毛处理。

STEP 02　将一侧发区的头发翻转固定。

STEP 03　将另外一侧发区的头发和刘海区的头发翻转固定，注意控制头发的层次。

STEP 04　将后发区的一部分头发向外侧翻转固定。

STEP 05　将另外一侧的头发反方向地翻转固定。

STEP 06　调整造型的层次感、轮廓感和饱满度。

STEP 07　佩戴饰品，进行点缀。

STEP 08　在另外一侧刘海位置佩戴饰品进行点缀，造型完成。

### 造型提示

这款发型采用的手法为翻转打毛和翻转固定。要特别注意刘海区和侧发区头发向后翻转的弧度，应以斜向后的方向拉伸。

STEP 01　将一侧发区的头发向后扭转，在后发区取部分头发，向上翻转，将侧发区剩余的
　　　　　发尾包裹在其中，进行固定。

STEP 02　取一部分单侧的头发，从后向前拉伸，在侧发区位置进行固定。

STEP 03　将固定好的头发从下向上翻转固定，将发尾进行拉伸，修饰侧发区的轮廓。

STEP 04　继续取后发区的头发，向前拉伸，向上翻转并固定。

STEP 05　调整造型结构的位置，用发卡进行隐藏式的固定。

STEP 06　佩戴造型花，点缀造型。

STEP 07　将网眼造型纱固定在造型花上，用网眼纱适当地修饰额头位置。

STEP 08　将剩余头发从下向上进行翻转固定，造型完成。

## 造型提示

这款发型采用的手法为翻转固
定、拉伸固定和隐藏式固定。造
型采用的是不同元素叠加的固定方
式，这种方法能很好地对造型的固
定点进行隐藏。这款造型网眼
纱的固定点就得到了很
好的隐藏。

STEP 01　将刘海区的头发向上提拉并打毛，使刘海区具有一定的高度。

STEP 02　将一侧发区的头发向上翻转并固定。

STEP 03　在翻转好的头发的后方继续将头发向上翻转并固定。

STEP 04　将后发区的头发打毛之后，向上翻转并固定。

STEP 05　调整固定好的头发的高度，并将其固定牢固。

STEP 06　佩戴饰品，进行点缀，要使饰品对额角起到适当的修饰作用，造型完成。

## 造型提示

这款发型采用的手法为提
拉打毛和翻卷固定。造型重点
在于刘海区头发的翻卷层次，
可以利用边打毛边变换角
度的方式处理。

STEP 01　调整刘海区头发的层次，可以适当喷干胶辅助造型。

STEP 02　在刘海区右侧取头发，三股编辫并固定。

STEP 03　在另外一侧取头发，三股编辫并固定。

STEP 04　在后发区打卷并固定牢固。

STEP 05　继续取头发，打卷并固定。

STEP 06　将剩余头发置于一侧并固定，使其方向感明确。

STEP 07　佩戴蝴蝶结饰品进行点缀，造型完成。

## 造型提示

这款发型采用的手法为三股编发和打卷。造型的重点在于对刘海区层次的把握与侧垂头发发量和层次感的控制，不能出现沉重的感觉。

STEP 01　将刘海区的头发向后打毛出层次。

STEP 02　在刘海后方佩戴造型花，进行点缀。

STEP 03　将一侧发区的头发向上扭转固定，并用发尾的发丝修饰造型花。

STEP 04　将另外一侧发区的头发挑起一部分，固定在造型花后方。

STEP 05　继续将侧发区的头发向上梳拢并固定。整理整体造型的层次，造型完成。

## 造型提示

这款发型采用的手法为电卷
发、扭转固定和打毛。造型重
点在于顶发区和刘海区头发的
处理，要将其隆起并使其看
上去自然，体现丰富的
层次感。

STEP 01　将刘海区的头发向上打毛，整理出层次。

STEP 02　在造型的一侧扎马尾。

STEP 03　在造型的另外一侧扎马尾。

STEP 04　用尖尾梳打毛层次，整理好层次之后，喷干胶进行定型。另外一侧用同
　　　　　样的方式处理。

STEP 05　在其中一侧佩戴造型花，进行点缀。

STEP 06　在另外一侧佩戴造型花，进行点缀，注意造型花与刘海的衔接弧度。

STEP 07　调整造型两侧造型花的牢固度。造型完成。

## 造型提示

这款发型采用的手法为层
次式打毛和扭转固定。刘海区
的头发及两侧的头发要打毛得
自然，并且呈现出乱而有
序的感觉。

STEP 01　将刘海适当地向上隆起并固定。

STEP 02　将顶发区的头发打毛并固定，注意调整固定的高度。

STEP 03　将侧发区的头发分片并向后发区进行扣转，另外一侧以同样的手法操作。

STEP 04　分出后发区的部分头发，继续向后扣转。

STEP 05　以同样的手法继续向下扣转。

STEP 06　进行抓纱造型。

STEP 07　将造型花点缀在造型纱上，要固定牢固。

STEP 08　调整造型纱的层次感和牢固度。

### 造型提示

这款发型采用的手法为扣转固定、抓纱和打毛。造型重点在于头发向后的扣转角度，以及发卡的隐藏，这种扣转方式很容易将发卡暴露在外，所以要格外注意。

STEP 01    将头发收拢在后发区底端，向一侧扭转固定。

STEP 02    将另外一侧发区的头发向后扭转固定。

STEP 03    在后发区位置分出一片头发，继续扭转固定。

STEP 04    将头发向上进行打卷造型。

STEP 05    继续在后发区底端分出一片头发，向上拉伸，扣转固定。

STEP 06    继续打卷，固定头发并拉伸，调整面积。

STEP 07    调整下垂的头发的层次。

STEP 08    整理头发的层次，并将其固定牢固。

STEP 09    佩戴造型花进行点缀。

STEP 10    在另外一侧佩戴造型花，造型完成。

## 造型提示

这款发型采用的手法为打卷
造型、扭转固定和拉伸造型。
重点应处理侧发区和部分后发
区翻转固定的头发，形成结
构上的连续和衔接。

STEP 01　在一侧发区取头发，向后扭转固定。

STEP 02　将预留的头发继续向后固定，固定的位置在之前固定的头发的下方。

STEP 03　另外一侧以同样的方式固定。

STEP 04　在后发区取头发，编辫子并固定。

STEP 05　在另外一侧继续取头发，用同样的方式固定。

STEP 06　将两边固定好的剩余发尾调整出层次。

STEP 07　佩戴造型花进行点缀，造型花要穿插在发丝中，增加造型层次感。

STEP 08　继续用发丝修饰造型花，整理整体造型的层次，造型完成。

## 造型提示

这款发型采用的手法为扭转造型、电卷发和三股编辫。重点在于辫子和发丝对造型花的修饰，如果生硬地佩戴造型花，会使造型看上去单调而缺乏美感。

STEP 01　用大号电卷棒将头发烫卷。

STEP 02　在头顶位置佩戴网眼造型纱，适当遮挡额头的位置。

STEP 03　在后发区一侧佩戴造型花，进行点缀。

STEP 04　在后发区将头发扭转固定。

STEP 05　将头发分层次向上翻卷。

STEP 06　将头发翻卷至造型的另外一侧。

STEP 07　整理好剩余发尾的层次，用隐藏式发卡进行固定，造型完成。

## 造型提示

这款发型采用的手法为翻卷造型、扭转固定和电卷发。注意隐藏造型纱固定的位置，侧盘的造型要有一定的空间感、层次感，不要过于死板。

STEP 01　用中号电卷棒将头发烫卷。

STEP 02　将刘海区的头发向后收拢并固定。

STEP 03　在收拢的时候将头发隆起一定的高度。

STEP 04　将一侧发区的头发向后扭转固定，进行造型，并调整卷发的层次。

STEP 05　在头顶佩戴饰品，造型完成。

## 造型提示

这款发型采用的手法为电卷发和扭转固定。造型重点是卷发层次的处理，可以在卷好头发之后，用气垫梳将头发梳理得蓬松、自然一些。

STEP 01    将侧发区头发向后固定。

STEP 02    在后发区取一片头发，向上翻转固定。

STEP 03    在卷好的头发上喷胶定型，调整头发的层次。

STEP 04    在后发区取一片头发，向上翻转固定在之前翻卷好的头发之上。

STEP 05    用尖尾梳将头发打毛出蓬松的层次。

STEP 06    在顶发区佩戴饰品。

STEP 07    在固定好的饰品周围佩戴造型花进行点缀，造型完成。

## 造型提示

这款发型采用的手法为翻转固定和挑层次。要将两侧的头发调整出自然蓬松感，不要让卷发显得太死板。同时注意花朵对皇冠饰品的修饰。

STEP 01　将刘海区的头发向上提拉并打毛。

STEP 02　将发尾向顶发区进行固定。

STEP 03　将一侧发区的头发向上翻转并固定。

STEP 04　将另外一侧发区的头发向上翻转并固定。

STEP 05　将大蝴蝶结饰品偏向一侧佩戴在头顶的位置。

STEP 06　在后发区取卷好的头发，向上提拉，将其缩短并固定在蝴蝶结后方。

STEP 07　继续向上提拉头发并固定。

STEP 08　分几次提拉头发并固定，隐藏好每次固定的发卡。造型完成。

## 造型提示

这款发型采用的手法为提拉固定、翻转固定和翻卷固定。分层次向上提拉后发区的头发是为了增加造型的层次感。造型采用的是先造型，再佩戴饰品，之后再造型的手法，这样的方式不会让饰品看上去太突兀。

STEP 01　将头发用电卷棒向后烫卷。

STEP 02　由后向前翻转头发并固定，增加两侧的发量。

STEP 03　在额头佩戴造型花，进行点缀。

STEP 04　继续佩戴造型花，进行点缀，注意轮廓的饱满度。

STEP 05　继续在后发区佩戴造型花，进行点缀。

STEP 06　将后发区的头发左右交叉，换位固定。

STEP 07　扭转头发时要将其拉近并固定牢固，造型完成。

## 造型提示

这款发型采用的手法为换位固定、扭转固定和电卷发。后发区两边头发的交叉换位是造型的重点，在打造某些发型的时候，换位固定可以增加造型的层次感，并起到缩短头发的作用。

STEP 01  将刘海区的头发梳向一侧，向后提拉并进行旋转式打毛。

STEP 02  将打毛好层次的部分侧发区头发由后向前扭转，缩短固定，要适当修饰
额头位置。

STEP 03  将侧发区的头发向上翻卷造型，适当保留发尾。

STEP 04  将之前保留的刘海区的发尾向后固定。

STEP 05  将部分后发区的头发在后发区位置收拢固定。

STEP 06  将侧发区的头发向后下方翻转固定。

STEP 07  将剩余后发区的头发收拢，向上扭转，在后发区的位置固定。

STEP 08  调整留出的一部分垂发的层次。

STEP 09  佩戴造型花，在结构衔接的位置进行点缀，造型完成。

## 造型提示

这款发型采用的手法为上翻卷
造型、收拢固定和提拉扭转固定。
收拢并隐藏后发区一部分头发是为
了去除多余的发量。在做造型的时
候，当头发过多时，可以用这
种方法适量隐藏头发。

STEP 01　保留刘海区、部分侧发区和后发区的头发，将剩余头发在后发区的一侧进行
　　　　　扎马尾处理。

STEP 02　将扎好的马尾编成三股辫，辫子不要编得太紧。

STEP 03　将辫子进行固定，将发尾盘绕并隐藏。

STEP 04　将保留的头发分出一片，向后、向上翻转固定。

STEP 05　继续取头发，向上翻转固定。

STEP 06　继续向上进行翻转固定，固定的位置在后发区靠中间的位置。

STEP 07　将固定好的头发的剩余发尾遮盖在辫子之上，保留前半部分辫子的纹理。

STEP 08　佩戴饰品，进行点缀，造型完成。

## 造型提示

这款发型采用的手法为三股编辫、翻转固定和扎马尾。将头发分片向后翻转固定是为了能够更有利于调整刘海区的饱满度，所以在翻转固定的时候，要随时观察刘海区的造型感觉。

STEP 01　　将一侧发区的头发向后收拢固定。

STEP 02　　将刘海区的头发向后进行固定，头发既要顺滑又要有一定的蓬松感。

STEP 03　　在后发区将两侧头发对应扣转并固定在一起。

STEP 04　　将造型纱扎在衔接的位置并打结。

STEP 05　　用造型纱的一部分在后发区进行抓纱造型。

STEP 06　　将剩余造型纱沿头部轮廓缠绕，在靠近额头位置进行固定。

STEP 07　　将固定好的纱进行抓纱造型。

STEP 08　　在后发区位置佩戴造型花，进行点缀。

STEP 09　　在额头位置的抓纱上佩戴造型花，进行点缀，造型完成。

## 造型提示

这款发型采用的手法为抓纱造型和扣转固定。在抓纱的时候，要考虑到造型纱对造型轮廓的修饰，应以不对称的形式在造型两侧进行两次抓纱，这样能使造型更协调。

STEP 01　用三合一夹板将头发夹弯。

STEP 02　将前发区中间的头发打毛。

STEP 03　将打毛好的头发隆起并固定。

STEP 04　将前发区一侧的头发用同样的方式处理。

STEP 05　以此类推，另外一侧前发区的头发也用同样的方式处理。

STEP 06　在隆起的头发的后方佩戴造型饰品。

STEP 07　用网眼纱在佩戴的饰品上抓纱，造型完成。

## 造型提示

这款发型采用的手法为抓纱造型、夹板造型和隆起固定。造型呈现活泼俏皮的感觉，隆起的造型不要梳理得过于光滑，否则会显得老气。

STEP 01    用中号电卷棒将头发烫卷。

STEP 02    用尖尾梳将刘海区头发调整出层次感。

STEP 03    将一侧发区的头发向后扣转并固定，使侧发区保持一定的饱满度。

STEP 04    将部分后发区的头发一分为二并扭转在一起。

STEP 05    将扭转在一起的头发用发卡进行隐藏式的固定，并提拉出层次。

STEP 06    将剩余后发区的头发一分为二并相互扭转。

STEP 07    用同样的方式固定并调整出层次。

STEP 08    喷胶定型。

STEP 09    佩戴造型花，点缀额头位置。

STEP 10    佩戴造型花，点缀在下垂的头发上，造型完成。

## 造型提示

这款发型采用的手法为扣转
固定、隐藏式固定和提拉层次。
两侧下垂的头发是用相互扭转的
方式打造的，在相互扭转的时候，
要保留一定的松散度，以便
后续提拉层次。

STEP 01　用中号电卷棒将头发烫卷，尤其要注意刘海区头发的卷度。

STEP 02　在顶发区分出一部分头发，进行造型，做出"耳朵"的效果。

STEP 03　取另外一部分头发，用同样的方式处理。

STEP 04　调整好造型结构的立体感，并固定牢固。

STEP 05　佩戴小礼帽进行点缀，造型完成。

## 造型提示

这款发型采用的手法为烫卷发、打毛和扭绳固定。造型重点在于两个耳朵效果的塑造，可以用发卡适当在内部进行隐藏式的固定，使造型结构的支撑更稳定。

STEP 01    整理头发的层次感和卷度。

STEP 02    留出部分下垂的头发，将剩余头发向上翻转并固定。

STEP 03    将另外一侧的头发固定，整理出层次感。

STEP 04    适当用手拉伸造型的层次感。

STEP 05    在造型的一侧固定造型纱。

STEP 06    将造型纱抓出褶皱效果。

STEP 07    佩戴造型花，进行点缀。

STEP 08    将造型花点缀在额角位置，修饰额头，造型完成。

## 造型提示

这款发型采用的手法为翻转固定、抓纱和电卷发。佩戴造型花的一侧与侧垂头发的一侧要在视觉上具有协调感，避免出现相互脱离的感觉。

STEP 01　将侧发区的头发向后扭转固定。

STEP 02　由后发区向上扭转一片头发，进行固定。

STEP 03　由后向前取头发，进行造型并固定，边固定边调整层次。

STEP 04　继续向前固定头发，注意层次感和轮廓感。

STEP 05　固定造型纱，点缀造型，适当用造型纱修饰额头。

STEP 06　继续抓纱，对造型进行修饰，造型完成。

## 造型提示

这款发型采用的手法为抓纱、扭转固定和借位造型。造型的重点在于对侧发区造型结构的把握，既要修饰侧发区，同时又不能使其显得生硬，边固定边调整层次很重要。

STEP 01　将刘海区的头发向后扭转固定。

STEP 02　将侧发区的一片头发向后、向上扭转，进行固定。

STEP 03　将侧发区的剩余头发向上扭转，进行固定。

STEP 04　将另外一侧发区的头发用四股连编的形式编辫子。

STEP 05　将四股辫编得松散自然一些，在后发区进行固定。

STEP 06　反向用三带一的方式编辫子。

STEP 07　在收尾的位置用皮筋固定。

STEP 08　由后向前用隐藏式发卡固定。

STEP 09　在头顶佩戴造型花，进行点缀，适当修饰额头位置。

STEP 10　在另外一侧造型衔接位置佩戴造型花，进行点缀，造型完成。

## 造型提示

这款发型采用的手法为扭转固定、四股连编和三带一编发。应边编辫子边将头发向造型的一侧收拢，并向造型需要固定的方位进行固定，这样效果会更加理想。

STEP 01　用三股连编的方式将后发区的头发编辫。

STEP 02　继续向下编辫子，将辫子编得松散一些。

STEP 03　在收尾的时候将连编的辫子转化成三股编辫。

STEP 04　用三股连编的方式继续编辫子，将其叠加在第一条辫子上。

STEP 05　用三股连编的方式横向编一条辫子，将刘海区的头发编在辫子中。

STEP 06　将另外一侧发区的头发以同样的方式进行三股连编。

STEP 07　将后发区的头发编入三股连编的辫子中，将三股连编转化为三股编辫。

STEP 08　将第二条辫子与最后一条辫子结合在一起，在造型一侧衔接固定。

STEP 09　将辫子相互编在一起，用发卡进行隐藏式固定。

STEP 10　将造型花点缀在辫子上，造型完成。

### 造型提示

这款发型采用的手法为三股
连编、三股编辫和隐藏式固定。
在编辫子之前要考虑好相互叠加
的顺序，并且要随时调整辫子
的角度，否则造型会很不协
调，显得生硬。

［日式层次发型］

STEP 01　将刘海区的头发向上翻转，进行造型。

STEP 02　将一侧发区的头发先编辫子，然后向上扭转固定。

STEP 03　将后发区一侧的头发向上扭转并固定。

STEP 04　将后发区另外一侧的头发向上扭转并固定。

STEP 05　在固定的同时，适当缩短头发的长度，进行隐藏式的固定。

STEP 06　将剩余的头发打毛。

STEP 07　将打毛好的头发与之前的头发相互结合，进行固定。

STEP 08　调整顶发区发丝的层次，使其具有蓬松感和空间感。

STEP 09　佩戴造型花，进行点缀，造型完成。

## 造型提示

这款发型采用的手法为扭转固定、三股编辫和翻转固定。要充分用尖尾梳调整好顶发区头发的花形层次，刘海区的弧度要流畅精致，并自然地与顶发区造型相互结合。

STEP 01　将刘海区和侧发区的头发结合在一起并打毛，增加高度和发量，然后用尖尾梳调整出层次感。

STEP 02　将后发区的头发向上、向前提拉，扭转并固定。

STEP 03　以这种方式固定的头发容易不牢固，所以可以多用一些隐藏发卡固定。

STEP 04　将剩余的头发向上提拉。

STEP 05　将提拉好的头发与之前的头发相互结合，进行固定。

STEP 06　调整固定好的头发的层次感，使其具有一定的高度，又有蓬松自然的感觉。

STEP 07　佩戴饰品，进行点缀。

STEP 08　用适当的发丝修饰在饰品上，造型完成。

## 造型提示

这款发型采用的手法为扭转固定、挑层次和打毛。调整头发层次的时候，要适当地挑出发丝并修饰前发区蓬起的头发，这样前后发区的造型看上去不会脱节。

STEP 01　从后向前拉头发，在侧发区位置固定。

STEP 02　将固定好的头发拉伸出层次，并进行隐藏式的固定。

STEP 03　将耳后的头发向上扭转头发并固定。

STEP 04　将后发区的头发向上扭转并固定。

STEP 05　将刘海区和一侧发区的头发结合，向后扭转并固定。

STEP 06　将剩余头发整理出蓬松感。

STEP 07　将头发分片扭转，进行缩短处理。

STEP 08　将头发分片进行固定并整理出层次。

STEP 09　佩戴造型花，进行点缀。

STEP 10　在侧发区位置佩戴造型花。

STEP 11　在另外一侧佩戴造型花。

STEP 12　用发丝修饰造型花，使造型的层次感更丰富，造型完成。

## 造型提示

这款发型采用的手法为扭转固定、缩发和隐藏式固定。一侧的盘发是造型的主体，另外一侧的发丝和造型花相结合，与其形成不对称的双侧造型效果。造型花和发丝可以控制造型两侧不对称的平衡感。

STEP 01    将刘海区的头发向下扣转，进行造型。

STEP 02    将侧发区的头发向顶发区扭转固定，进行造型。

STEP 03    将后发区的头发分片向顶发区固定。

STEP 04    将最后一片头发固定在顶发区，用尖尾梳打毛头发的层次，然后喷胶定型。

STEP 05    在刘海区一侧佩戴造型花，进行点缀，用发丝适当修饰造型花。

STEP 06    继续佩戴造型花，进行点缀，造型完成。

## 造型提示

这款发型采用的手法为下扣
卷、扭转固定和打毛。注意刘
海下扣的弧度，并且用顶发区
的卷发适当修饰刘海，这样
会使造型看上去比较
协调。

STEP 01　将顶发区头发打毛，增加发量，使顶发区更加饱满。

STEP 02　将顶发区头发隆起并固定。

STEP 03　将一侧发区的部分头发向后翻转并固定。

STEP 04　将另外一侧发区的部分头发向后翻转并固定，注意不要固定得过于光洁，而是要呈现一定的蓬松感。

STEP 05　将后发区的头发向上扭转并固定。

STEP 06　注意调整固定的头发的高度，并保留一定长度的发尾，用来修饰后发区的轮廓。

STEP 07　将剩余头发向上收起并固定，用尖尾梳调整发丝的层次感。

STEP 08　在造型结构的衔接位置佩戴造型花，点缀造型，造型完成。

## 造型提示

这款发型采用的手法为打毛、扭转固定和挑层次。整体造型应呈现出蓬松自然的感觉，如果想达到这样的效果，头发有合适的卷度是十分必要的。所以在造型之前，可以用中号电卷棒将头发烫成弹性十足的卷发，之后将其梳理开。

STEP 01　将刘海区的头发打毛。

STEP 02　将一侧发区的头发向后扭转，并在顶发区位置进行固定。

STEP 03　将另外一侧发区的头发边打毛边扭转，向后上方提拉。

STEP 04　将整理好的头发固定在顶发区的位置。

STEP 05　将后发区剩余头发打毛，增加发量。

STEP 06　将后发区头发向顶发区位置做扭包，进行固定。

STEP 07　提拉头发，完善造型结构，并用发卡固定，使造型更加牢固。

STEP 08　用尖尾梳调整顶发区发丝的层次感。

STEP 09　佩戴造型花进行点缀，造型完成。

## 造型提示

这款发型采用的手法为扭包、旋转式打毛和挑层次。在造型的时候，注意后发区头发的提拉角度，因为后发区的头发如果固定不好就会出现拖沓的感觉。为了避免出现这样的情况，可以在固定头发的时候让模特脖子后仰，这样固定好的头发就会比较

干净。

STEP 01　将一侧发区的头发以三连编的形式编发，与部分后发区的头发衔接在一起。

STEP 02　将编好的头发从后向前扭转固定，保留部分发尾。

STEP 03　将后发区的部分头发打毛。

STEP 04　将打毛好的头发扭转适当角度，与之前固定好的头发的剩余发尾衔接在一起。

STEP 05　将后固定的头发包裹在之前固定的头发之外。

STEP 06　将刘海区的头发向后移动打毛，使刘海区饱满自然。

STEP 07　将侧发区的头发向后进行旋转式打毛处理。

STEP 08　向上翻转头发并固定。

STEP 09　将剩余头发向上扭转并固定。

STEP 10　佩戴造型花进行点缀，造型完成。

## 造型提示

这款发型采用的手法为移动式打毛、旋转式打毛和翻转固定。在佩戴造型花之后，用适当的发丝修饰造型花，这样可以使造型花与造型的衔接更自然。

STEP 01　将刘海区的头发打毛，整理出微隆的层次并固定。

STEP 02　将侧发区的头发打毛，向上收拢并固定。

STEP 03　继续向上收拢头发，适当缩短头发，留出需要的长度，将发尾进行固定。

STEP 04　继续向上收拢头发，适当调整发丝的层次和走向。

STEP 05　将最后一片头发向上收拢，注意调整后发区头发的层次和轮廓。

STEP 06　整体调整后发区头发的层次，适当用尖尾梳将局部位置的头发打毛，并喷干胶定型。

STEP 07　调整头发的整体轮廓并喷干胶，进而整理出层次。

STEP 08　佩戴饰品，进行点缀，造型完成。

## 造型提示

这款发型采用的手法为缩短固定、层次式打毛和移位打毛。造型的轮廓比较大，所以在操作的时候应注意对轮廓的控制，可以边处理边进行固定，最后进行整体造型。

STEP 01　将一侧发区的头发向后梳理整齐，在靠近顶发区的位置固定。

STEP 02　将后发区的头发向上提拉，向前扭转固定。

STEP 03　调整留出的发尾的层次感。

STEP 04　向上提拉头发并打毛。

STEP 05　边打毛边移动，调整发丝的方向。

STEP 06　边用尖尾梳进行打毛边用手拉伸头发的层次。

STEP 07　佩戴造型花，用发丝对造型花进行适当的遮挡。

STEP 08　在侧发区佩戴造型花，造型完成。

## 造型提示

这款发型采用的手法为移动式打毛、提拉扭转和挑层次。造型的操作过程看似简单，但要达到一定的效果却比较困难。在造型的时候要掌握打毛的方式，打毛的时候，要有弹性地运用梳子，使打毛出来的头发蓬松且具有层次感。

STEP 01　将饰品佩戴在额头位置并固定，要固定牢固。

STEP 02　将一侧发区的头发向前扭转并固定。

STEP 03　将另外一侧发区和部分后发区的头发继续向前扭转并固定，将头发都固定在一个方位。

STEP 04　整理头发的层次，用手将发丝适当撕开，增加发量。

STEP 05　将顶发区头发继续扭转固定。

STEP 06　将固定好的头发缩短，注意一定要固定牢固。

STEP 07　将后发区的头发向上扭转并固定。

STEP 08　注意固定的头发应和刘海区形成呼应，并调整出层次感。造型完成。

## 造型提示

这款发型采用的手法为撕发、扭转固定和缩短固定。整个造型的卷发层次形成一个 U 形的弧度。注意在调整头发的层次时，要保持这个弧度的轮廓感。

STEP 01　将刘海区的部分头发向下扣转并固定。

STEP 02　以同样的方式继续分片取头发，向下扣转并固定。

STEP 03　将扣转的头发的剩余发尾向上翻转并固定。

STEP 04　在后发区取一片头发，向前扭转并固定。

STEP 05　将扭转后的头发的剩余发尾向前提拉，固定在侧发区翻转的卷的上方。

STEP 06　将另外一侧发区的头发做扭绳，使侧发区的头发伏贴。

STEP 07　将扭绳固定在后发区。

STEP 08　由后发区向前扭转一片头发，使其与扭绳剩余的发尾相互结合，向前固定。

STEP 09　将后发区的最后一部分头发向一侧扭转造型并固定。

STEP 10　将头发打毛，增加其发量和层次感。

STEP 11　将打毛的头发做隐藏式的固定，增加头发的层次感和空间感。

STEP 12　将造型纱固定在头顶的位置。

STEP 13　进行抓纱造型。

STEP 14　在抓好的造型纱上点缀小巧的造型花，造型完成。

## 造型提示

这款发型采用的手法为抓纱造型、扣转固定和隐藏式固定。刘海区向下扣转的头发形成递进的效果，这种递进包括角度的递进、发量的递进，最终形成完美的刘海走向和空间感。

STEP 01　将头发向顶发区进行扭转固定，保留发尾，用来做之后的造型。

STEP 02　向上提拉后发区的头发，用隐藏式发卡固定，调整头发的层次。

STEP 03　将后发区的头发继续向上扭转并固定。

STEP 04　头发要固定牢固，发卡要隐藏好。

STEP 05　将剩余头发向上固定，调整头发的层次。

STEP 06　由后向前固定造型纱，在额头位置固定出蝴蝶结的效果。

STEP 07　佩戴造型花，进行点缀。

STEP 08　调整头发对造型纱的遮挡效果。

STEP 09　用尖尾梳调整顶发区头发的层次，修饰造型的轮廓感，造型完成。

## 造型提示

这款发型采用的手法为扭转固定、打毛和挑层次。要适当用卷发对造型纱进行修饰，使两者的结合不那么突兀。

STEP 01　将刘海区的头发向后进行翻转固定。

STEP 02　将翻转后的发尾向前固定，修饰侧发区的位置并调整层次。

STEP 03　用一些发卡固定，让头发呈现更立体的感觉。

STEP 04　将顶发区和后发区的部分头发向上提拉扭转，注意保留一定的松散感，不要提拉得过紧。

STEP 05　由后向前推头发并固定。

STEP 06　将上边的头发向后拉，用尖尾梳将下边的头发向前推并固定，修饰侧发区。

STEP 07　由顶发区向另外一侧发区带头发并固定，这部分头发起到支撑的作用。

STEP 08　将侧发区的头发向后翻转，包裹在支撑之上，进行固定。

STEP 09　将后发区的头发打毛。

STEP 10　将打毛好的头发向上提拉并旋转，进行固定。

STEP 11　在造型一侧的额头位置佩戴造型花，进行点缀。

STEP 12　在另外一侧佩戴造型花，进行点缀，造型花的面积相对之前的应小一些。

## 造型提示

这款发型采用的手法为推拉固定、提拉扭转和翻转造型。推拉固定的手法可以在造型的时候双管齐下，一般会利用在对一个造型结构的改变上，而非对多个结构的调整。

139

STEP 01　将刘海区和侧发区的头发打毛，然后向后收拢固定。

STEP 02　由后向前将造型纱固定在顶发区的位置。

STEP 03　在后发区将头发进行固定，使其基础牢固。

STEP 04　分片向上扭转头发，将其固定在顶发区。

STEP 05　用尖尾梳和手调整头发的层次，喷胶定型，造型完成。

### 造型提示

这款发型采用的手法为收拢固定、扭转固定和打毛。注意顶发区发丝的层次感，层次分明的感觉容易使人显得年轻，反之会使人显得呆板、老气。

STEP 01　调整刘海区造型的层次感，先用尖尾梳进行打毛，之后挑出层次，喷胶定型。

STEP 02　取一片头发，整理出形状，修饰在额头的位置。

STEP 03　将侧发区的头发向上扭转固定。

STEP 04　将后发区的头发继续向上扭转固定。

STEP 05　将另外一侧的头发进行反方向的扭转固定。

STEP 06　整理好层次并固定，可以用手将发丝撕开。

STEP 07　在造型一侧佩戴造型花，进行点缀。

STEP 08　在造型后侧佩戴造型花，进行点缀，使其与侧发区的造型花形成呼应。

### 造型提示

这款发型采用的手法为层次打毛、扭转固定和撕发。造型重点是刘海层次的处理，造型花对侧发区的修饰刚好掩盖了额头位置头发的缺陷。

STEP 01　首先在额角位置佩戴蝴蝶结饰品，注意固定的发卡要隐藏好。

STEP 02　由顶发区向前分片扭转头发并固定，将发丝修饰在蝴蝶结上。

STEP 03　由后发区向前扭转头发，以同样的方式固定。

STEP 04　将后发区的头发继续向上扭转固定，注意固定的牢固度。

STEP 05　将侧发区的头发向上扭转固定。

STEP 06　调整遮挡蝴蝶结的发丝的层次感。

STEP 07　调整后发区位置的头发的牢固度，造型完成。

## 造型提示

这款发型采用的手法为挑层次、扭转固定和打毛。用发丝大面积地修饰饰品，重点在于发丝要对饰品形成遮挡，但又不能破坏饰品的整体感。

STEP 01　将刘海区的头发向后固定。

STEP 02　在一侧扎马尾。

STEP 03　在另外一侧扎马尾。

STEP 04　分别将扎好的马尾进行打毛，在两侧固定，做出团形结构。

STEP 05　将假刘海固定在刘海区，修饰额头。

STEP 06　由后向前固定发带。

STEP 07　佩戴蝴蝶结，点缀造型，造型完成。

## 造型提示

这款发型采用的手法为扎马尾、假刘海造型和打毛。两侧的团子造型不要梳理得过于干净、光滑，而是要营造出适当的层次，这样才能使造型的感觉活泼生动。

STEP 01  将刘海区头发向后固定，然后向前扣转，形成刘海效果。

STEP 02  将顶发区的头发向前扭转固定。

STEP 03  将侧发区的头发向上扭转固定。

STEP 04  将后发区的头发向上扭转固定。

STEP 05  将另外一侧后发区的头发向上扭转固定。

STEP 06  将侧发区的头发向上扭转固定。

STEP 07  将固定好的头发打毛，目的是增加造型的层次感。

STEP 08  将打毛好的头发发尾向内收，并进行隐藏式的固定。

STEP 09  用发丝遮挡后发区的缺陷位置。

STEP 10  佩戴饰品进行点缀，造型完成。

## 造型提示

这款发型采用的手法为扣转固定、扭转固定和打毛。注意刘海区的扣转角度和固定的牢固度，可以用尖尾梳细致地调整刘海的弧度。

STEP 01    将刘海区的头发向后固定。

STEP 02    将顶发区的头发向前扭转并固定。

STEP 03    继续从后向前拉伸头发。

STEP 04    固定的时候可以根据需要适当扭转缩短头发。

STEP 05    将后发区的剩余头发打毛。

STEP 06    将打毛好的头发向上提拉扭转。

STEP 07    将扭转好的头发固定。

STEP 08    将固定好的头发用尖尾梳挑出层次。

STEP 09    继续打毛，增加层次感，喷胶定型。

STEP 10    在额头位置佩戴饰品，进行点缀，造型完成。

## 造型提示

这款发型采用的手法为扭
转固定、打毛和缩发。注意
打毛的层次感，缩短头发的
时候，要将缩短的位置
固定并隐藏好。

STEP 01　将刘海区的头发整理出层次。

STEP 02　向后扭转侧发区的头发并固定。

STEP 03　将后发区的头发向顶发区方向扭转并固定。

STEP 04　调整头发的层次，使其与刘海区进行衔接。

STEP 05　佩戴造型花，进行点缀。

STEP 06　继续佩戴造型花，造型完成。

## 造型提示

这款发型采用的手法为扭转固定、挑层次和电卷发。要用刘海区的头发适当修饰额头位置，并在两侧适当留出自然下垂的发丝，使造型更加生动。

153

STEP 01　将刘海区的头发向后打毛，用干胶定型。

STEP 02　将顶发区和部分侧发区的头发分片向前扭转并固定。

STEP 03　旋转式地打毛头发，将刘海区头发做成旋转的形式。

STEP 04　将侧发区的头发向后扭绳。

STEP 05　边扭绳边带入头发，向造型另外一个方向拉伸。

STEP 06　将尾端收紧并固定，注意要将侧发区的头发处理光滑。

STEP 07　将后发区的剩余头发向上提拉扭转。

STEP 08　将扭转好的头发固定，将固定好的头发打毛，调整层次，喷胶固定。

STEP 09　佩戴造型花，用造型花适当修饰额角位置。

STEP 10　继续佩戴造型花，进行点缀，使造型的侧面轮廓更完美。

STEP 11　调整造型的层次感，使造型轮廓饱满，造型完成。

## 造型提示

这款发型采用的手法为连续扭绳、扭转固定和旋转式打毛。造型重点在顶发区位置，要特别注意刘海区的层次感和自然感，可以适当用尖尾梳的尖尾进行调整。喷干胶时应用手遮挡额头。

STEP 01　将刘海区的头发向后整理层次，进行固定。
STEP 02　顺着刘海固定的层次继续向后翻转头发，进行固定。
STEP 03　在后发区向上提拉、扭转头发，进行固定。
STEP 04　用后发区的剩余头发修饰造型的侧轮廓。
STEP 05　将后发区的头发固定牢固，隐藏发卡。
STEP 06　整理侧面头发的层次，并做隐藏式固定。
STEP 07　用尖尾梳打毛侧发区头发，调整外轮廓的层次。
STEP 08　在额头位置佩戴饰品，进行点缀。
STEP 09　在饰品的一端佩戴花朵，进行点缀。
STEP 10　在饰品的另一端佩戴花朵，进行点缀，造型完成。

### 造型提示

这款发型采用的手法为翻转固定、扭转固定和层次式打毛。在造型的时候要注意层次的把握。从正面看，造型外轮廓的发丝应有自然向上的层次，并且具备一定的空间感，而不是一团乱发的感觉。

STEP 01　将头发向顶发区方向抓取并固定。

STEP 02　将后发区的头发分片进行扭转，将其固定在顶发区。

STEP 03　用尖尾梳调整头发的层次。

STEP 04　分出一部分头发，做造型的外轮廓效果。打毛出层次，然后喷干胶定型。

STEP 05　佩戴造型花，进行点缀。

STEP 06　继续佩戴造型花，进行点缀，并用发丝修饰造型花，使造型的层次感更强。造型完成。

## 造型提示

这款发型采用的手法为扭转固定、挑层次和打毛。注意刘海区弧度的流畅性，造型的发丝轮廓应清晰而有层次感，不要出现凌乱的感觉。

STEP 01　将卷好的头发拉开，增加头发的层次感。

STEP 02　从后向前分层固定。

STEP 03　用尖尾梳调整头发的层次。

STEP 04　另外一侧用同样的方式固定，注意后发区不要出现拖沓的感觉。

STEP 05　整体调整头发的纹理，要有层次感，乱而有序。

STEP 06　注意适当让一些发丝垂落下来，使造型的层次感更好。

STEP 07　佩戴造型花，进行点缀，修饰额头位置，造型完成。

### 造型提示

这款发型采用的手法为移位固定、挑层次和打毛。注意保留两边发丝垂落的层次感，太多或太少都不好，要垂落得自然而不刻意。

STEP 01  将刘海区的头发向后翻转，保留一定的空间感。

STEP 02  将另外一侧的头发向后扣转并固定，然后在后发区取一片头发，向上翻转固定。

STEP 03  继续分片取头发，顺着之前头发的翻转角度继续翻转固定。

STEP 04  将剩余的发尾及侧发区的头发结合在一起，将其打毛并固定。

STEP 05  在侧发区的造型结构之上佩戴饰品。

STEP 06  用头发修饰佩戴好的饰品。

STEP 07  继续用头发对饰品进行修饰，造型完成。

## 造型提示

这款发型采用的手法为后翻转固定、上翻转固定和打毛。后发区造型的翻转有两个作用：一是修饰了侧发区头发在后发区固定的位置；二是连续的翻转可以缩短头发，使剩余的头发更符合所需要的长度。

STEP 01　将卷好的头发分出一部分，从后向前进行固定，留出发尾层次。

STEP 02　将后发区的头发分几次进行扭转，继续向前固定。

STEP 03　用手撕出造型的层次感。

STEP 04　继续将剩余的头发向上扭转，进行固定。

STEP 05　用手撕出造型的层次感。

STEP 06　用尖尾梳打毛头发，整理发丝的轮廓。

STEP 07　调整出刘海区发丝的层次感，使其不要紧贴在额头上。

STEP 08　佩戴饰品，修饰侧发区。

STEP 09　在后发区用黑色的造型纱抓出层次，进行修饰，造型完成。

## 造型提示

这款发型采用的手法为移位式固定、撕发和抓纱。在造型的时候，头发的长度有时会比我们所需要的长很多，这个时候可以采用移位的固定手法，只保留自己所需要的头发长度，其余隐藏好即可。

［日式编辫发型］

STEP 01　将后半部分的头发和一侧发区的头发扎马尾，做成发髻。

STEP 02　将剩余头发编辫子，注意调整辫子的角度。

STEP 03　将一条编好的辫子盘转并固定。

STEP 04　将另外一条辫子在其基础之上盘转。

STEP 05　以此类推，继续向上盘转造型。

STEP 06　注意调整辫子盘转的松紧度及轮廓感。

STEP 07　将盘转好的辫子固定牢固，隐藏好发卡。

STEP 08　佩戴饰品修饰造型，造型完成。

## 造型提示

这款发型采用的手法为三股编发、三股连编和盘发髻。注意盘转辫子的时候应使其相互穿插，这样可以使造型的纹理感更加丰富。

STEP 01    将刘海区的部分头发扭转，留出发尾并固定。

STEP 02    调整发丝的层次，适当对额头进行修饰。

STEP 03    将一侧后发区的头发由后向前翻转并固定。

STEP 04    将翻转固定好的头发的剩余发尾继续由前向后翻转，进行固定。

STEP 05    将另外一侧发区的头发进行编辫子处理。

STEP 06    将编好的辫子进行固定。

STEP 07    另外一侧发区的头发以同样的方式固定。

STEP 08    将后发区一侧的头发打卷并固定，并用辫子修饰。

STEP 09    将另外一侧后发区的头发打毛，增加发量。

STEP 10    将头发进行打卷并固定。

STEP 11    将保留的头发编辫子。

STEP 12    将编好的辫子修饰在打好的卷之上。

STEP 13    佩戴造型花，修饰在造型的缺陷位置。

STEP 14    佩戴造型纱，进行点缀，造型完成。

## 造型提示

这款发型采用的手法为打卷、三股编辫和翻转固定。当头发的长度与自己所需要的长度相差比较大的时候，可以用扭转的方式将头发缩短到自己需要的长度，这时要对固定位置进行隐藏，这样才能产生和谐的美感。

STEP 01　将一侧发区与部分后发区的头发相互结合，向后翻转并固定，表面不要
　　　　过于光滑，应形成一定的发丝纹理。

STEP 02　用隐藏的发卡固定，调整造型的侧面轮廓。

STEP 03　将刘海区与另外一侧发区的头发用三股连编的形式编辫子。

STEP 04　边编辫子边将后发区的头发衔接进去。

STEP 05　在后发区的位置将头发固定。

STEP 06　佩戴造型花，进行点缀。

STEP 07　在造型花上覆盖造型纱，调整并固定。

STEP 08　调整造型纱的轮廓感。

STEP 09　在造型纱上继续佩戴造型花，造型完成。

## 造型提示

这款发型采用的手法为电卷发、抓纱和三股连编。在编头发的时候要保留一定的松散度，不要将头发编得过紧，那样造型会过于死板。造型不要成为一种负担，应给人轻盈的感觉。

STEP 01　将刘海区和侧发区的头发编辫子，刘海区的头发是由三股连编转化为三股编辫的形式。

STEP 02　将另外一侧的头发向上扭转造型并固定。

STEP 03　在后发区边缘取一片头发，继续扭转造型。

STEP 04　在后发区底端取一片头发，向上翻转造型并固定牢固。

STEP 05　将剩余头发编成一条松散的辫子。

STEP 06　将辫子向上固定，要固定牢固，发卡要隐藏好。

STEP 07　调整造型结构与结构之间的关系和松紧度。

STEP 08　将之前编好的侧发区的辫子固定在后发区。

STEP 09　在头顶佩戴珍珠发卡。

STEP 10　佩戴造型花，进行点缀，造型完成。

## 造型提示

这款发型采用的手法为三股连编、三股编辫和扭转固定。编刘海区的辫子时要考虑新娘额头的高度及饱满度，过高或者比较秃的额头不适合编这种感觉的辫子。

STEP 01　将一侧发区和部分后发区的头发结合在一起，分两次固定。

STEP 02　在刘海区下方取一片头发，进行三股编辫。

STEP 03　将编好的头发固定在造型的另外一侧。

STEP 04　从顶发区取一片头发，从后向前翻转并固定。

STEP 05　将刘海区的头发进行固定，调整发尾的层次。

STEP 06　用之前翻转好的头发的发尾与刘海区的发尾结合，修饰侧发区。

STEP 07　将后发区的头发向造型轮廓感比较饱满的方向扭转并固定。

STEP 08　将头发分片扭转，缩短头发的长度。

STEP 09　将剩余的头发向上固定，随时调整造型的轮廓。

STEP 10　将头发撕拉开，调整整体发型的层次。

STEP 11　在造型的另外一侧佩戴造型花，进行点缀。

STEP 12　在刘海下方佩戴造型花，进行点缀，造型完成。

## 造型提示

这款发型采用的手法为三股编辫、撕拉造型和扭转固定。造型在侧面形成三角形的效果，这种效果需要在固定头发时随时调整轮廓并撕拉发丝，这几项要结合在一起来操作。

STEP 01　将刘海区的头发向后固定，用剩余的头发编辫子。

STEP 02　将编好的辫子从后向前盘转并固定。

STEP 03　将盘好的辫子固定牢固。

STEP 04　将一侧发区与部分后发区的头发相互结合，由后向前扭转并固定。

STEP 05　将固定好的头发进行适当的收短处理。

STEP 06　另外一侧用同样的方式进行处理。

STEP 07　分片将头发进行收短式固定，用隐藏式发卡固定牢固。

STEP 08　将固定好的头发打毛出层次。

STEP 09　将另外一侧头发打毛出层次，可以采用旋转的打毛方式，这样能有效缩
　　　　　短头发的长度。

STEP 10　佩戴造型花，点缀造型。

STEP 11　继续佩戴造型花，点缀造型，适当修饰额角位置。

STEP 12　在另外一侧佩戴造型花。

STEP 13　调整造型花的位置，造型完成。

## 造型提示

这款发型采用的手法为缩发、旋转式打毛和扭转固定。注意两侧造型发丝的弧度，要自然地将其内收，造型花的佩戴要在对称中具有不对称的感觉，这样才能让造型看上去生动。

STEP 01　用三合一夹板夹头发，使头发呈现特别的卷曲度。

STEP 02　将一侧的头发编成鱼骨辫。

STEP 03　边向下编头发边调整角度，应呈现由松到紧的变化。

STEP 04　将编好的辫子由后向前扭转，在耳后固定。

STEP 05　将两侧编好的辫子在后发区进行交叉并固定。

STEP 06　佩戴造型花，点缀造型，适当修饰额头位置。

STEP 07　在造型花后方进行抓纱造型。

STEP 08　调整抓纱的层次感，造型完成。

### 造型提示

这款发型采用的手法为鱼骨编辫和扭转固定。注意两侧造型的饱满度，在开始编发时可以适当松一些，编到后面时紧一些，这样能使造型两边的层次感得到更好的控制。

STEP 01　用中号电卷棒将头发烫卷。

STEP 02　将顶发区的头发打毛，增加顶发区的高度。

STEP 03　将后发区的部分头发旋转出层次轮廓并固定。

STEP 04　向后编四股辫。

STEP 05　边编辫子边调整辫子的走向。

STEP 06　将辫子固定在已经做好的造型结构之上。

STEP 07　另外一侧以三股连编的形式编辫子。

STEP 08　将三股连编转化为三股编辫。

STEP 09　将辫子固定在造型结构的上方，增加两条辫子的造型空间感。

STEP 10　佩戴蝴蝶结，进行点缀。

STEP 11　继续佩戴蝴蝶结，进行点缀，注意要固定牢固，造型完成。

### 造型提示

这款发型采用的手法为三股连编、三股编辫和四股编辫。刘海区及侧发区的编发是造型的重点，尤其是刘海区的编发，由于向后拉伸得比较长，所以用蝴蝶结修饰，这样可以使造型看上去不那么生硬。

STEP 01　将一侧发区的头发编辫子，由三股连编转化为三股编辫。

STEP 02　由后向前将辫子盘转并固定。

STEP 03　调整固定好的辫子的层次。

STEP 04　在后发区继续编一条辫子。

STEP 05　将辫子盘转在之前编好的辫子的外轮廓，进行固定。

STEP 06　在另外一侧取一片头发，进行编辫子处理。

STEP 07　将编好的辫子绕过后发区，进行固定。

STEP 08　将剩余的头发松散地编辫子。

STEP 09　调整编好的辫子的层次，拉伸得更加松散些。

STEP 10　将造型花固定在造型结构的外轮廓。

STEP 11　在造型的另外一侧佩戴造型花。

STEP 12　将造型花点缀在辫子上，造型完成。

## 造型提示

这款发型采用的手法为三股连编、三股编辫和盘转固定。侧垂的辫子要松散自然，不要编得过于光滑；花朵只要点缀几朵即可，不可过多。

185

STEP 01　用中号电卷棒将头发烫卷。

STEP 02　将头发适当打毛，增加头发的蓬松感和层次感。

STEP 03　从刘海分界线开始，在造型一侧用三股连编的方法编辫子。

STEP 04　逐渐转化成三股编辫的方式，继续编辫子。

STEP 05　将辫子固定在造型另一侧的额角位置。

STEP 06　佩戴造型花，点缀造型，造型完成。

## 造型提示

这款发型采用的手法为三带一编发、三股编发和烫卷。在编辫子的时候，要边编发边调整角度，这样固定好的辫子才会看起来更自然。

STEP 01    将前发区的头发进行打毛，使其蓬松地隆起。

STEP 02    调整头发固定的牢固度，以便接下来的操作有比较好的支撑。

STEP 03    将后发区的头发分片打卷，进行固定。

STEP 04    继续将头发分片打卷，进行固定。

STEP 05    继续将头发分片打卷，进行固定。

STEP 06    将剩余的两片头发进行编辫子处理。

STEP 07    将编好的辫子盘在造型结构上，对造型进行修饰。

STEP 08    佩戴饰品，同时用饰品修饰造型缺陷位置，造型完成。

## 造型提示

这款发型采用的手法为三
股编发、打卷和打毛。造型的
重点在于对刘海区和两侧发区
头发层次的把握，不能太
光滑又不能太凌乱。

［日式简约发型］

STEP 01　将刘海区和两侧发区的头发结合在一起，挑出层次。

STEP 02　将头发向后收拢层次并固定。

STEP 03　将剩余头发收拢并固定，调整固定好的发髻的层次感。

STEP 04　佩戴造型花，进行点缀，造型完成。

## 造型提示

这款发型采用的手法为挑层次和盘卷固定。造型重点在于刘海区及两侧发区头发的层次，要呈现饱满的感觉，同时表面又不能过于光滑。

STEP 01 分出刘海区头发，向上翻转固定，注意用尖尾梳调整刘海的弧度。

STEP 02 将另外一侧发区的头发向下扭转并固定，注意隐藏好发卡。

STEP 03 在后发区取一片头发，边扭转边固定。

STEP 04 将剩余发尾固定在顶发区。

STEP 05 将后发区剩余头发分片并进行旋转式打毛。

STEP 06 将打毛好的头发固定在顶发区。

STEP 07 将剩余的头发用同样的方式操作，然后固定。

STEP 08 将头发进行打毛，调整发丝的层次，可以适当喷干胶定型。

STEP 09 在刘海翻转位置佩戴造型花，进行点缀。

STEP 10 在另外一侧佩戴造型花，造型完成。

## 造型提示

这款发型采用的手法为旋转打毛和翻转固定。重点在于对顶发区发丝的控制，应呈现动感的感觉，不要处理得过于厚重，要用尖尾梳挑出发丝的层次。

  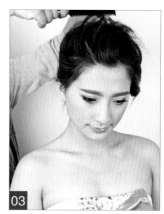

STEP 01　将顶发区的头发隆起并固定，将后发区的头发向上扭转并固定。

STEP 02　将固定好的头发的剩余发尾在后发区固定并调整层次。

STEP 03　用尖尾梳调整刘海区造型的层次。

STEP 04　在后发区一侧佩戴网眼纱。

STEP 05　在另外一侧将网眼纱固定，对额头位置进行适当的遮挡。

STEP 06　在造型的一侧佩戴造型花，进行点缀。

STEP 07　在造型的另外一侧佩戴造型花，进行点缀。

STEP 08　继续佩戴造型花，造型完成。

## 造型提示

这款发型采用的手法为扭转固定、挑层次和抓纱。在固定网眼纱的时候，要使其遮挡住眼睛，同时要留有一定的空间，使两侧的造型花在丰富造型的同时起到修饰造型纱缺陷的作用。

197

STEP 01　分出要留出来的发丝并将其整理光滑。

STEP 02　将后半部分的头发扎马尾。

STEP 03　将一侧发区的头发分出一部分，向后下方扣转并固定。

STEP 04　将另外一片头发进行扣转并固定。

STEP 05　将扣转后剩余的发尾进行连环打卷并固定。另外一侧以同样的方式操作。

STEP 06　分出一片马尾，打卷并固定。

STEP 07　继续分出一片马尾，打卷并固定。

STEP 08　将剩余一片马尾打卷并固定，注意卷与卷之间的衔接。

STEP 09　佩戴网眼纱，用造型纱适当遮挡面部。

STEP 10　佩戴饰品，进行点缀，造型完成。

## 造型提示

这款发型采用的手法为扣转造型、连环卷造型和扎马尾。造型重点在于把握向后扣转的弧度，注意两侧发区弧度的流畅性。另外造型纱对面颊的修饰也很重要，要在抓纱的时候制造一定的空间感。

199

STEP 01　将刘海区的头发打毛出层次。
STEP 02　将一侧发区的头发向后收拢并固定。
STEP 03　将另外一侧发区的头发向后收拢并固定。
STEP 04　将后发区的头发向上扭转并固定，打理出层次感。
STEP 05　将造型纱固定在后发区的位置，并抓出层次感。
STEP 06　佩戴造型花，进行点缀，造型完成。

### 造型提示

这款发型采用的手法为收拢固定和层次式打毛。刘海区层次的处理是造型中最重要的环节，在处理刘海区时，注意将最外层的头发做出有层次的弧度，并且使其蓬起得略高一些。

STEP 01　将刘海区的头发向上提拉并打毛，做出一定的高度，调整层次。

STEP 02　将一侧发区的头发向后翻转并固定。

STEP 03　将后发区的头发向上扭转并固定。

STEP 04　将后发区另外一侧的头发向上提拉，向下扭转并固定。

STEP 05　将后发区的头发向上扭转并固定。

STEP 06　将固定头发的发卡隐藏好，并调整发尾的层次。

STEP 07　佩戴造型花，进行点缀。

STEP 08　使造型花由前向后形成有弧度的线条，造型完成。

### 造型提示

这款发型采用的手法为翻转固定、扭转固定和提拉打毛。要通过打毛使刘海区头发的发根起到支撑作用，整个刘海应呈现蓬松隆起的效果。

STEP 01　用中号电卷棒以外翻的形式将头发烫卷，适当保留部分头发，不需要卷至发根。

STEP 02　将顶发区的头发进行打毛，要打毛到发根。

STEP 03　边打毛边向后移动，使头发的流向自然。

STEP 04　将一侧头发向上翻转，并在后发区位置固定。

STEP 05　将另外一侧头发扭转固定，注意隐藏好发卡，同时保留部分头发，用来修饰面颊。

STEP 06　将后发区的头发固定牢固，以便在其之上继续造型。

STEP 07　将部分头发向上盘绕造型，同时留出发尾的层次。

STEP 08　将剩余头发进行旋转，然后盘绕在之前的头发上，使其形成饱满的轮廓。

STEP 09　调整造型的轮廓和形状。

STEP 10　将预留好的头发用电卷棒进行二次烫卷，注意卷发的角度，及时调整弧度，造型完成。

## 造型提示

这款发型采用的手法为盘转造型和移动式打毛。造型的重点在于刘海区预留头发对脸形的修饰，以及后发区造型的轮廓感和层次感。这种造型可以修饰不对称的脸型，又能体现自然活泼的感觉，同时使造型看上去简约明了。

STEP 01　将刘海区的头发打毛，使其隆起并固定。

STEP 02　将一侧发区的头发向上扭转并固定。

STEP 03　将另外一侧发区的头发向上扭转并固定。

STEP 04　将后发区的头发向上收拢，做出花苞效果，不要做得过于紧实。

STEP 05　由后向前将造型纱固定在顶发区。

STEP 06　用造型纱做抓纱的效果。

STEP 07　用造型纱适当修饰刘海区。

STEP 08　调整纱的松紧度和层次感，造型完成。

## 造型提示

这款发型采用的手法为抓纱、扭转固定和打毛。注意头顶的抓纱效果不要破坏刘海区隆起的造型结构，而是要对其起到修饰作用。

STEP 01　将后发区的头发扭转并固定。

STEP 02　将一侧发区的头发打毛并梳光表面，挑出层次并固定。

STEP 03　另外一侧用同样的方式处理。

STEP 04　向上提拉头发，进一步调整头发的层次。

STEP 05　调整头发的松紧度，将头发固定牢固，造型完成。

## 造型提示

这款发型采用的手法为扭转固定、打毛和挑层次。造型的重点在于头顶两侧的发丝结构，自然地一层层向上固定才能呈现特别的造型美感。

STEP 01　向上翻转刘海区和部分侧发区的头发，做出刘海造型。

STEP 02　将剩余头发向上扭转并固定。

STEP 03　将固定好的头发的发尾打毛。

STEP 04　将打毛好的头发固定牢固。

STEP 05　在与刘海相反的一侧固定造型纱，将造型纱整理出层次感。

STEP 06　由后向前分层进行抓纱造型。

STEP 07　将造型纱固定牢固，以免发卡脱落，影响造型纱的层次感。

STEP 08　佩戴饰品。

STEP 09　继续佩戴饰品，同时调整饰品形成的轮廓，造型完成。

### 造型提示

这款发型采用的手法为扭转固定、上翻卷刘海和抓纱。造型的重点在于对抓纱层次的把握，纱应呈现出轻盈的感觉，黑色的纱容易显得沉重，不要把纱抓得过于紧密。

STEP 01　将头发固定好之后，将造型纱固定在头上。

STEP 02　进行抓纱造型，注意造型纱的层次感和固定的牢固度。

STEP 03　将饰品点缀在造型纱上，固定牢固。

STEP 04　调整后方的造型纱的层次。

STEP 05　继续抓纱，进行造型，边抓纱边调整造型纱的层次。

STEP 06　继续抓纱，注意纱在头顶的弧度，不要出现生硬的感觉。

STEP 07　收拢造型纱的轮廓，要将收尾固定牢固，注意调整层次，造型完成。

## 造型提示

这款发型采用的手法为抓纱。造型重点是控制纱的轮廓和层次，整体的轮廓不能过大，那样会使造型显得沉重，不够轻盈。

STEP 01　用中号电卷棒将刘海区的头发烫卷，使其发量增加。

STEP 02　取部分侧发区的头发，用中号电卷棒烫卷。

STEP 03　将头发在后发区扎马尾。

STEP 04　将马尾盘成紧实的发髻，将发髻摆放在顶发区。

STEP 05　将剩余卷发打毛，边打毛边调整层次，喷干胶定型。

STEP 06　在一侧额角佩戴造型花，修饰额头。

STEP 07　在另外一侧佩戴造型花，进行点缀，造型完成。

## 造型提示

这款发型采用的手法为扎马尾、烫卷和层次式打毛。造型重点在于把握刘海区头发的层次，层次感的处理方式可以使造型简约、大方而时尚。

STEP 01　将刘海区的头发打毛，将其处理成隆起的样式。

STEP 02　将侧发区的头发扭转固定并向上收起。

STEP 03　将后发区的头发做扭包并向上固定。

STEP 04　调整造型的层次感，适当挑出一些发丝，使造型生动。

STEP 05　佩戴饰品，进行点缀。

STEP 06　用造型纱做出发带效果，然后固定。

STEP 07　在另外一侧佩戴饰品，进行点缀，造型完成。

## 造型提示

这款发型采用的手法为打毛、扭包和扭转固定。造型的重点是刘海区头发的隆起，隆起的头发不能破坏发丝的走向，所以在打造刘海之前，可以先用电卷棒将头发卷出一定的弧度。

STEP 01　将后半部分头发进行扎马尾处理，马尾要扎得高一些。
STEP 02　将扎好的马尾扭转固定，留出发尾的位置。
STEP 03　调整发尾的层次，进行隐藏式的固定。
STEP 04　将刘海区和一侧发区的头发向上翻转并固定。
STEP 05　将发尾进行打卷，调整层次。
STEP 06　将另外一侧的头发向上翻转并固定。
STEP 07　将发尾做连环卷，调整层次。
STEP 08　佩戴造型花，进行点缀。
STEP 09　将发丝与造型花结合在一起，造型完成。

## 造型提示

这款发型采用的手法为扭转固定、扎马尾和翻转固定。中分翻卷的刘海要弧度自然，可以通过打毛让头发很好地衔接起来。注意用发丝修饰造型花。

STEP 01　将刘海区的头发向下扣转两次并固定，然后向上翻转头发并固定。

STEP 02　将头发调整得有层次感和空间感。

STEP 03　将剩余头发继续向上翻转并固定。

STEP 04　在另外一侧进行收尾式固定，同时调整发丝的层次。

STEP 05　佩戴饰品，进行点缀。

STEP 06　在另外一侧佩戴饰品，进行点缀，造型完成。

## 造型提示

这款发型采用的手法为下扣扭转和上翻式固定。扭转刘海区的头发时，注意固定的牢固度，发卡要隐藏好，因为这个位置非常容易暴露造型的缺陷。

STEP 01　从后向前借头发，进行固定，然后整理出刘海的轮廓。

STEP 02　将一侧发区的头发向后扭转并固定。

STEP 03　将另外一侧的头发向后扭转并固定。

STEP 04　将后发区的头发向上提拉，做扭包并固定。

STEP 05　将剩余发尾打毛并进行隐藏式固定，整理出轮廓感和层次感。

STEP 06　固定造型纱，造型纱要对额角起到一定的修饰作用。

STEP 07　由后向前继续进行抓纱造型。

STEP 08　在造型的另外一侧固定造型纱并抓出层次感。

STEP 09　佩戴造型花，进行点缀。

STEP 10　在另外一侧佩戴造型花，进行点缀，造型完成。

## 造型提示

这款发型采用的手法为抓纱、扭转固定和借发。花朵造型分为一个主体和多个次体，这是一种常用的花朵点缀方式。

STEP 01    将一侧发区的头发向后扣转并固定。

STEP 02    将另外一侧发区的头发用同样的方式处理。

STEP 03    将刘海区头发梳理整齐，向下固定，然后向上翻转，进行造型。

STEP 04    继续在后发区取头发，并结合部分后发区的头发进行翻转并固定。

STEP 05    将后发区剩余头发进行扎马尾处理。

STEP 06    将头发进行打毛处理，增加发量和层次。

STEP 07    将一部分头发进行扭转，缩短长度并固定。

STEP 08    将剩余头发边旋转边打毛。

STEP 09    将打毛的头发固定并整理好层次。

STEP 10    佩戴造型花饰品，进行点缀。

STEP 11    将发丝修饰在造型花之上。

STEP 12    继续佩戴造型花，造型完成。

## 造型提示

这款发型采用的手法为旋转打毛、扎马尾和翻转固定。造型的重点在于用发丝适当修饰造型花，但又不能完全遮盖住造型花，所以要充分利用发丝的走向对花朵进行修饰。

STEP 01　在后发区位置扎马尾。

STEP 02　将刘海区的头发先向下翻转，之后留出发尾，然后用发尾做刘海的层次。

STEP 03　将另外一片刘海向已经做好的刘海方向扣转，将发尾与之前的发尾相互结合。

STEP 04　在侧发区分出一片头发，向下扣转并固定。

STEP 05　将发尾在顶发区与刘海区的头发进行衔接。

STEP 06　将另外一侧发区的头发向下扭转并固定。

STEP 07　将发尾在顶发区位置进行造型。

STEP 08　调整好顶发区头发的层次感。

STEP 09　在调整层次的时候，要注意造型侧面的轮廓。

STEP 10　继续将一片头发固定在顶发区的造型上，发卡要隐藏好，并固定牢固。

STEP 11　将最后一片头发向上进行固定。

STEP 12　调整收尾的层次，并固定牢固。佩戴饰品，造型完成。

## 造型提示

这款发型采用的手法为扣转固定、翻转固定和扎马尾。马尾要扎得紧实，否则造型会显得邋遢，刘海的层次处理非常重要，可以用尖尾梳挑层次。

STEP 01　将头发在后发区底部做上翻造型。

STEP 02　在额头位置固定造型纱。

STEP 03　从后向前分层抓纱。

STEP 04　将抓纱调整出层次感。

STEP 05　将收尾固定牢固，调整层次。

STEP 06　佩戴造型花，点缀在抓纱的层次中，造型完成。

## 造型提示

这款发型采用的手法为翻卷
固定和抓纱。注意控制抓纱的
层次，要有空间感，不要过于
紧密，造型花不要出现漂
浮于表面的感觉。

STEP 01　　将真发固定牢固。

STEP 02　　将全顶假发反扣在头顶。

STEP 03　　将假发固定牢固。

STEP 04　　调整假发的层次和纹理。

STEP 05　　佩戴造型花，进行点缀。

STEP 06　　继续佩戴造型花。

STEP 07　　在造型花之上覆盖造型纱。

STEP 08　　调整造型纱和造型花的位置，造型完成。

### 造型提示

这款发型采用的手法为假发固定和抓纱。反扣的假发可以形成特殊的造型层次感，同时会露出很多假发内部的缺陷，一定要将其用造型纱和造型花隐藏掉，起到以假乱真的效果。

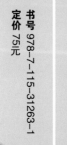

书号 978-7-115-30744-6
定价 79元

书号 978-7-115-28044-2
定价 98元

书号 978-7-115-27834-0
定价 98元

定价 98元

书号 978-7-115-26510-4
定价 98元

书号 978-7-115-32392-7
定价 98元

书号 978-7-115-32429-0
定价 98元

书号 978-7-115-30414-8
定价 98元

书号 978-7-115-32169-5
定价 98元

书号 978-7-115-29150-9
定价 98元

书号 978-7-115-29755-6
定价 98元

书号 978-7-115-28356-4
定价 98元

书号 978-7-115-30411-7
定价 98元

书号 978-7-115-29610-8
定价 68元

书号 978-7-115-32430-6
定价 118元

书号 978-7-115-27455-1
定价 98元

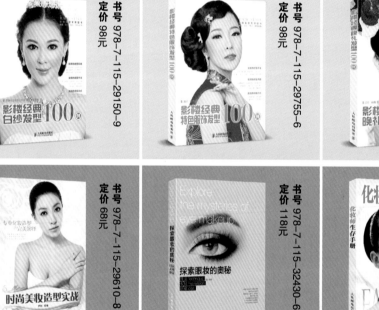

书号 978-7-115-32955-4
定价 108元

书号 978-7-115-32426-9
定价 198元

书号 978-7-115-31378-2
定价 99元

书号 978-7-115-32911-0
定价 49元

1953~2013
人民邮电出版社成立60周年

www.ptpress.com.cn

地址：北京市丰台区成寿寺路11号邮电出版大厦　邮编：100164
内容咨询与出版合作：010-81055385　联系人：赵迟　孟飞
投稿邮箱：zhaochi@ptpress.com.cn
团购电话：010-81055060　联系人：刘欣阳